(Par Angoyat)

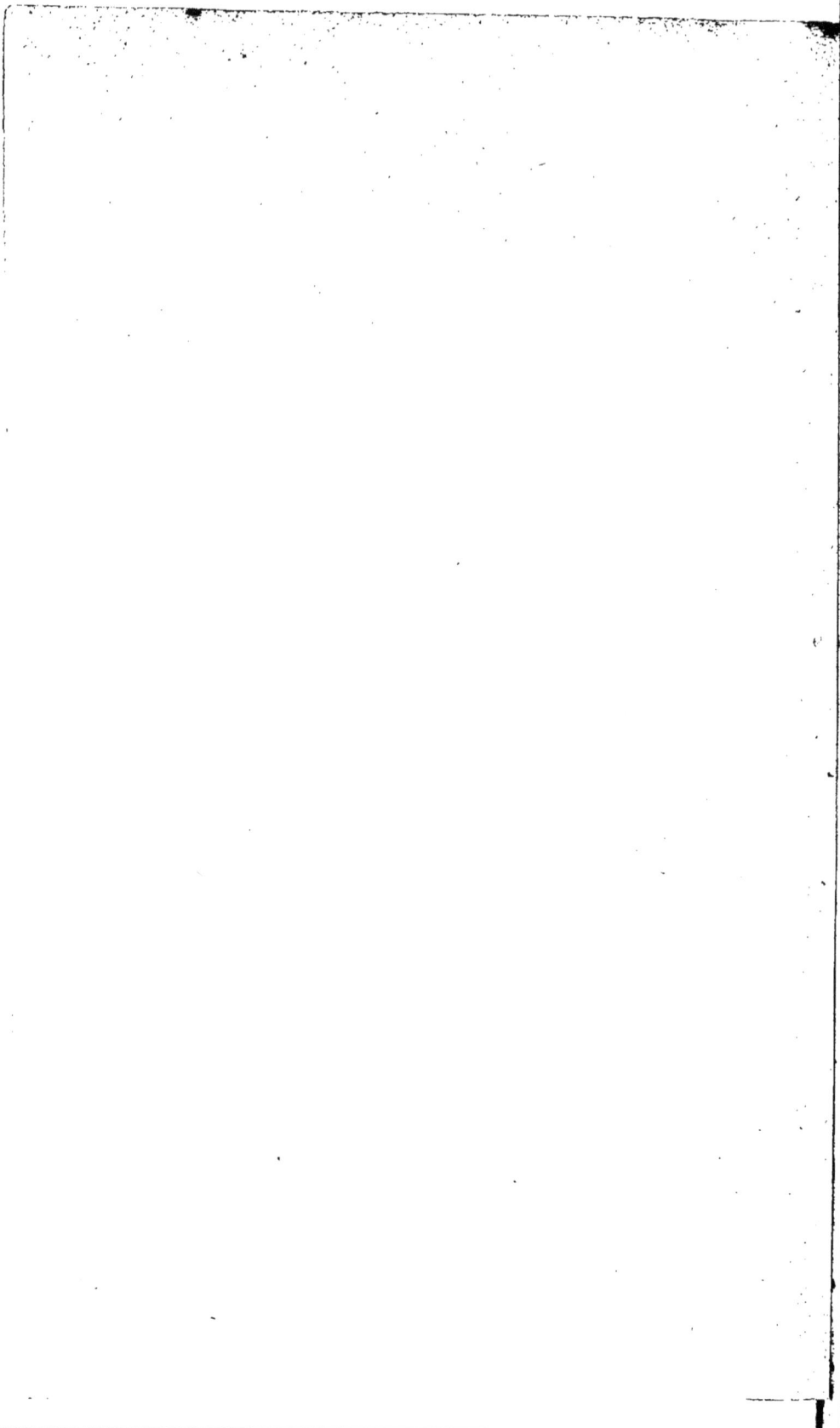

INSTRUCTION

SUR

LES CAMPEMENS,

A L'USAGE

DE L'ÉCOLE D'APPLICATION

DU CORPS ROYAL D'ÉTAT-MAJOR.

A PARIS,

CHEZ ANSELIN ET POCHARD,

SUCCESSEURS DE MAGIMEL,

LIBRAIRES POUR L'ART MILITAIRE, RUE DAUPHINE, n° 9.

1824.

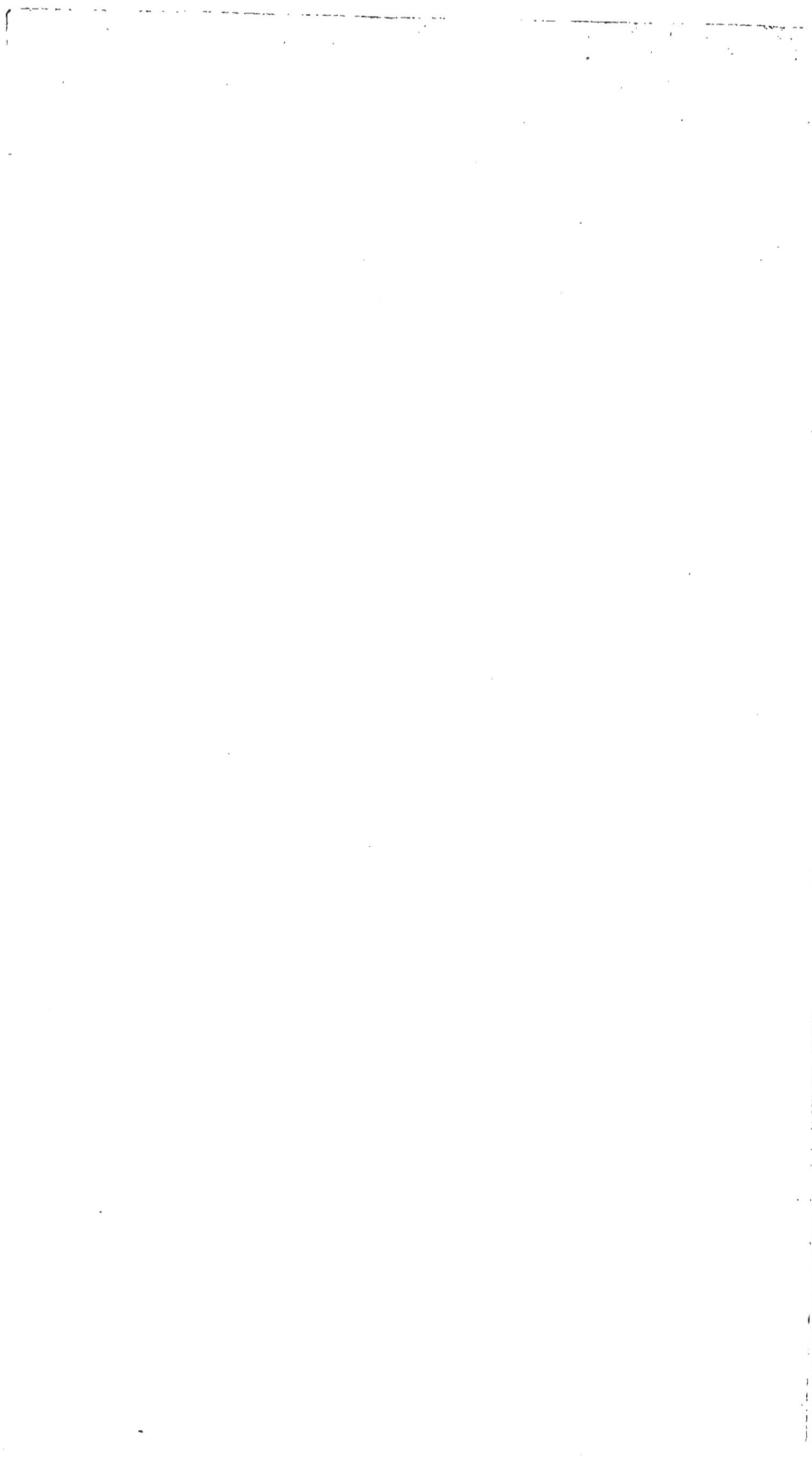

INSTRUCTION

LES CAMPEMENS.

§. Ier.

Notions générales sur les Camps et les Positions.

L'OBLIGATION de tenir les troupes rassemblées
en temps de guerre, celle de les établir fréquemment loin des villes et même des lieux ha-
bités, ont déterminé l'usage et la dénomination
des *camps.*

On appelle *camp,* l'établissement que fait une
troupe en campagne.

La durée de cet établissement peut être plus
ou moins longue : lorsqu'elle excède un certain
nombre de jours, et surtout que la saison est
mauvaise, le climat froid et pluvieux, on donne
des tentes aux troupes, ou on les fait baraquer.

Lorsque l'établissement doit être absolument
passager, comme il l'a été presque toujours
dans les dernières guerres, les troupes se font
des abris avec les matériaux qu'elles trouvent

sous leurs mains; quelquefois même elles restent exposées à toutes les intempéries de l'air; on substitue alors à la dénomination de *camp* celle de *bivouac*.

Dans tous les cas, l'ordre, la discipline, les précautions doivent être les mêmes.

On appelle *position*, une étendue de terrain susceptible d'être défendue avec des forces inférieures à celles de l'ennemi. On regarde une position comme susceptible d'une bonne défense, lorsque ses ailes sont appuyées à des obstacles; que l'ennemi ne peut la tourner sans perdre un temps considérable ou sans offrir des chances favorables à l'armée défensive; que son front est d'un accès difficile, et que ses communications en arrière sont parfaitement libres. Une position doit avoir une étendue proportionnée à la force des troupes qui la défendent, et une profondeur suffisante pour les manœuvres de ces mêmes troupes.

Les camps et les bivouacs doivent, autant que possible, présenter les mêmes avantages que les positions. L'armée doit en outre y trouver les objets de première nécessité que l'on ne saurait transporter en campagne, comme l'eau, le bois, la paille et les fourrages. Cependant le but que l'on se propose dans l'établissement d'un camp ne permet pas toujours de choisir un lieu facile à défendre et à portée des objets qui viennent d'être indiqués; quelquefois il faut se soumettre à les transporter à grands frais.

L'art de choisir les positions et les camps, d'y répartir les troupes de toutes armes dans l'ordre le plus convenable, a toujours été regardé comme une des branches la plus importante de la science militaire. On désigne sous le nom de *castramétation* l'ensemble des opérations qui y sont relatives.

Les officiers d'état-major ont toujours été chargés de la partie de la castramétation relative au choix des positions des camps passagers, des bivouacs et cantonnemens, ainsi qu'à l'établissement des troupes.

Lorsque les troupes doivent être baraquées et leurs camps retranchés, la construction des baraques et des retranchemens est confiée aux officiers du génie.

Feuquière indique trois sortes de camps, suivant qu'ils sont pris au commencement, au milieu ou à la fin des campagnes. Le règlement de 1810, fait en outre mention des camps d'exercice pris en temps de paix; enfin l'on distingue encore les camps retranchés sous les places fortes.

§. II.

Camps pris au commencement de la campagne.

Les camps que l'on forme au commencement d'une campagne sont principalement destinés au rassemblement des troupes ; ils doivent être établis dans des lieux sains (1), à portée des villages, du bois et de l'eau, et autant que possible sur des terrains unis, et par conséquent propres aux manœuvres. Il faut éviter surtout dans les pays chauds, et pendant l'été, le voisinage des eaux stagnantes. La bonne qualité de l'eau que l'on destine aux hommes et aux chevaux doit être constatée.

On a coutume d'établir les camps de rassemblement sur les frontières, et sous la protection des places fortes dans lesquelles se trouve une partie du matériel nécessaire à l'organisation des armées. Saint-Paul les appelle *camps retranchés de frontières,* et il fait remarquer qu'ils ne doivent pas être confondus avec les camps retranchés sous les places fortes. Ces derniers, dit-il, augmentent l'étendue des places fortes, et par

---

(1) Il paraît, d'après quelques observations faites en Corse, que l'exposition sous le vent d'est, par rapport aux endroits marécageux, est très-malsaine.

conséquent leur importance militaire; ils en font en quelque sorte partie, et leur sort est lié à celui de ces places.

Ceux des frontières n'ont qu'une existence momentanée; ils ont pour objet les opérations de la campagne, plutôt que la défense des points où ils sont établis. Les troupes qui occupent ces camps sont des masses disponibles, prêtes à se porter partout; elles imposent à l'ennemi, et l'obligent à être circonspect dans ses mouvemens. Tel était l'objet des camps nombreux que l'on forma sur nos frontières au commencement de la guerre de la révolution.

Les camps de rassemblement ne sont pas toujours établis sur les frontières; il est souvent avantageux, lorsqu'on doit prendre l'offensive, de rassembler les troupes à une certaine distance de la frontière, et dans une position centrale qui menace l'ennemi sur plusieurs points à la fois.

L'existence des camps ayant presque toujours une durée assez considérable, les troupes y sont abritées sous des tentes ou des baraques. On est dans l'usage de fortifier les camps de rassemblement (1); le but principal est d'apprendre aux soldats et aux officiers à se retrancher en cam-

_____

(1) Le camp de Tongres, occupé en 1794, mérite particulièrement d'être cité. (*Essai sur l'Infanterie légère*, page 97.)

pagne, de les exercer à la fatigue, et de les maintenir dans un état d'activité, salutaire sous tous les rapports.

§. III.

Des Camps occupés dans le cours de la campagne.

Les camps étant autrefois beaucoup plus communs qu'ils ne le sont aujourd'hui, on en avait distingué d'un plus grand nombre d'espèces; de là les *camps volans*, les *camps de séjour*, les *camps passagers*, etc. On disait d'un corps d'armée qu'il était en camp volant lorsqu'il tenait continuellement la campagne; ordinairement ce corps était faible et chargé d'expéditions qui demandaient une grande célérité.

Les *camps de séjour* étaient ceux où les armées restaient en observation l'une à l'égard de l'autre, jusqu'à ce qu'elles eussent consommé les fourrages et les vivres qui se trouvaient à portée de leurs positions.

On appelle *camp passager*, celui que prenait momentanément une armée pour menacer une place, pour la couvrir ou pour inquiéter l'ennemi sur sa ligne d'opérations, etc.

Dans tous ces camps, en général (1), les trou-

---

(1) Le maréchal de Villars et quelques généraux ont fait bivouaquer les troupes dans plusieurs campagnes.

pes étaient abritées sous des tentes, les avant-postes seuls bivouaquaient.

Les armées modernes sont trop considérables pour que l'usage des tentes ait pu se maintenir; les camps permanens sont devenus plus rares; plus libres dans leurs mouvemens, les troupes ont agi avec plus de vigueur et obtenu des résultats décisifs. Ce nouvel état de choses paraît devoir être durable, l'armée qui reprendrait l'usage des tentes aurait trop d'infériorité relativement à celle qui bivouaquerait.

A plusieurs époques de la guerre de la révolution, les armées ont pris des positions fixes, soit pour faire ou couvrir un siége, soit pour observer l'ennemi dans une position jugée inattaquable; dans ces dernières circonstances, les tentes auraient été utiles, on y a suppléé par des baraques.

Dans les anciens camps, les troupes souffraient moins que dans les bivouacs des intempéries de l'air; mais elles étaient plus rarement cantonnées. Aujourd'hui que les actions sont plus décisives, que le besoin de réparer ses pertes, de faire subsister les troupes, et de mettre un terme à leurs fatigues se fait sentir plus vivement, les cessations d'hostilités sont devenues plus fréquentes; souvent les troupes prennent des cantonnemens peu de temps après l'ouverture de la campagne, et de là résulte une sorte de compensation.

§. IV.

Des Camps pris à la fin de la campagne.

Autrefois avant d'entrer dans leurs quartiers d'hiver, les troupes prenaient des camps plus ou moins stables ; la cavalerie consommait alors ce qui restait de fourrage dans le pays. Les grandes opérations de la guerre commençaient au mois de mai, et finissaient dans le mois d'octobre. Les armées modernes se sont affranchies de cet usage. Souvent par la facilité des subsistances, on ouvre la campagne immédiatement après les récoltes. Lorsque la paix, une trève ou un armistice a mis fin aux combats, les troupes sont cantonnées ou baraquées. Les cantonnemens ont l'avantage de leur donner plus de repos, de les faire mieux vivre ; mais ils relâchent les liens de la discipline.

Ce dernier motif détermina quelque temps après la paix de Tilsitt, le chef de l'armée française à faire sortir les troupes de leurs cantonnemens, et à les réunir par divisions dans des camps baraqués situés au milieu du pays où elles étaient cantonnées.

(9)

§. V.

Des Camps d'exercice pris en temps de paix.

Ces camps ont pour objet l'exercice et l'instruction des troupes, officiers et soldats, sous le rapport des grandes manœuvres, et sous celui des travaux de siége. Ils sont nécessaires lorsque la paix est de longue durée. On en a formé en France à plusieurs époques, et particulièrement à Compiègne en 1698 et en 1739, à Vaussieux, en 1778, à Saint-Omer, en 1787.

Ils étaient établis en Prusse d'une manière régulière. Les soldats prussiens étant renvoyés dans leurs foyers pendant une partie de l'année, il est important de former en temps de paix des camps d'exercice pour leur faire reprendre promptement des habitudes militaires, lorsqu'ils sont rappelés sous les drapeaux.

§. VI.

Des Camps retranchés sous les places fortes.

Un camp retranché sous une place forte est une position fortifiée, destinée à recevoir un corps de troupe de 10 à 20 mille hommes. Le principal but que l'on se propose, surtout lorsque la place est d'une grande importance, est d'en empêcher le siége ou le bombardement ou d'obliger l'ennemi qui veut passer outre à laisser devant le camp un corps considérable. Vauban a développé dans son *Traité de la défense des places*, les avantages des camps retranchés; mais les Turcs avaient eu recours antérieurement à ce moyen de défense que rend nécessaire le mauvais état de leurs places généralement mal fortifiées.

Un camp retranché peut encore avoir pour objet d'assurer la communication entre plusieurs places, de couvrir un faubourg important, et de conserver un emplacement propre à recevoir un matériel, et au besoin la population des campagnes.

La communication de la place au camp retranché ne doit pas pouvoir être coupée; les fortifications du camp doivent recevoir de la place la plus grande protection possible, être à l'abri d'insulte, et par conséquent, avoir un profil qui les mette à l'abri du canon, et qui soit susceptible d'être renforcé par tous les obstacles qui augmentent les difficultés de l'attaque de vive force. Les ouvrages sont quelquefois permanens.

Les camps retranchés sont dangereux quand ils sont mal placés, imparfaits ou mal défendus.

On cite le camp retranché de Dunkerque en 1706; celui de Turin dans la même année, qui fit échouer le siége de cette place, entrepris par les Français; celui de Toulon en 1707, qui sauva cette ville et la flotte française; celui de Berg-op-Zoom en 1747; celui de Schweidnitz en 1761; celui de Dantzig en 1813; celui de Belfort en 1815, etc.

§. VII.

Principe fondamental de toute castramétation.

Les différentes manières d'établir les troupes dans une position, reposent sur le même principe, savoir : que *l'ordre de bataille détermine l'ordre de campement.* Les conséquences suivantes résultent de ce principe :

1º Les différens corps sont campés dans l'ordre suivant lequel ils doivent combattre. Ils se placent au centre ou aux ailes, en première ou en deuxième ligne, en raison de la position qui leur est assignée dans l'ordre de bataille;

2º Le front du camp de chaque corps doit être égal à celui qu'il occupe en bataille, ce qu'on exprime en disant que le camp est couvert par la troupe en bataille, ou autrement que le front de bandière est égal au front de bataille; le front de bandière est la ligne (1) sur laquelle sont

---

(1) C'est la *ligne magistrale* du camp, et la première que l'on trace. On appelle aussi *front de bandière*, la ligne sur laquelle les troupes se forment en bataille dans le camp, à 10 mètres en avant des faisceaux.

alignés les culs-de-lampe extérieurs des tentes du premier rang, si les tentes sont du nouveau modèle, ou les côtés extérieurs des tentes du premier rang, si ce sont des tentes anciennes.

Le principe fondamental dérive d'une condition qu'il est nécessaire de s'imposer, c'est que la troupe, de quelque manière qu'elle soit campée, doit pouvoir passer dans le moins de temps possible à l'ordre de bataille, et faire face à l'ennemi de jour comme de nuit; cette condition ne doit pas être remplie pour un régiment, elle doit l'être pour tous les corps qui composent l'armée.

Cependant on peut donner au front du campement ou du bivouac plus d'étendue qu'au front de la troupe en bataille, lorsque les intervalles des corps dans l'ordre de bataille sont très-grands. *Voyez* l'observation, page 16. Mais, en général, il faut se conformer au principe.

Les données nécessaires aux officiers d'état-major chargés d'établir des troupes dans une position, sont, l'ordre dans lequel ces troupes doivent combattre et la force de chaque corps.

L'ordre dans lequel doivent combattre lès troupes des différentes armes est déterminé par la nature du terrain. Celui dans lequel sont placées les troupes d'une même arme exige la connaissance de l'organisation de l'armée; cette dernière considération avait autrefois beaucoup plus d'importance qu'aujourd'hui ; chaque régiment voulait combattre au rang qui lui était assigné dans l'ordre général de bataille.

Dans les dernières campagnes, l'infanterie et la cavalerie ont été constamment partagées en divisions, et l'artillerie en batteries de six bouches à feu. A chaque batterie, était attachée une compagnie d'artillerie, et une compagnie du train.

Une division d'infanterie ou de cavalerie est composée de deux brigades, chacune de deux régimens; et suivant qu'elle est plus ou moins forte, elle a deux batteries ou une batterie seulement. La division d'infanterie a de plus une compagnie de troupes du génie, mais qui peut en être détachée.

§. VIII.

Etendue des lignes de bataille pour les différentes armes.

L'unité de force est, pour l'infanterie, le bataillon; pour la cavalerie, l'escadron; pour l'artillerie, la batterie.

INFANTERIE.

L'organisation actuelle établie par l'ordonnance du 23 octobre 1820, donne au bataillon

668 (1) hommes, et par conséquent un front de
100 mètres environ, sur trois de hauteur.

Les intervalles des bataillons sont de 16 mètres.

La profondeur comptée depuis le premier
rang jusqu'à la ligne sur laquelle se trouve le
chef de bataillon est de 16 mètres.

En temps de guerre, la force des bataillons est
variable ; c'est en raison de leur effectif que les
officiers d'état-major leur assignent le terrain
qu'ils doivent occuper.

Le front d'un régiment de deux bataillons est
de 216 mètres ; sa profondeur est de 20 mètres.

Une brigade de deux régimens présente un
front de 462 mètres ; l'intervalle des régimens
étant supposé de 30 mètres.

Le front d'une division composée de deux

---

(1) 1 Chef de bataillon et 1 adjudant-major. . . . 2
8 Capitaines, 8 lieutenans et 8 sous-lieutenans. 24
1 Adjudant sous-officier et un caporal-tambour. 2
1 Sergent - major et 1 caporal - fourrier par
compagnie 16
4 Sergens par compagnie. 32
8 Caporaux et 64 soldats par compagnie . . . 576
2 Tambours ou cornets. 16

TOTAL. . . . . 668 hommes.

Les 576 hommes, caporaux et soldats, sur 3 de hauteur, don-
nent 192 files ou un front de 96 mètres, auquel il faut ajouter
4 mètres pour les 8 files de capitaine, et 0,50 pour la file du guide
de gauche ; total 100m,50.

brigades est de 974 mètres ; l'intervalle des brigades étant supposé de 50 mètres.

CAVALERIE.

L'escadron a 48 files ; son front est de 35 à 38 mètres, suivant l'espèce de cavalerie (0^m75 environ par file.)

La profondeur de l'escadron comptée depuis la position du commandant de l'escadron jusqu'à la ligne des serre-files est de 16 mètres.

Les intervalles des escadrons sont de 10 mètres.

Un régiment de quatre escadrons présente un front de 170 à 182 mètres ; sa profondeur est de 40 mètres.

Le front d'une brigade de cavalerie est de 352 à 376 mètres, l'ordonnance ayant fixé l'intervalle des régimens à 12 mètres.

Le front d'une division de cavalerie est de 724 à 772 mètres ; l'intervalle de deux brigades est fixé à 20 mètres. Lorsque la cavalerie campe sur les ailes, on laisse entr'elle et la première brigade de droite ou de gauche de l'infanterie un intervalle de 50 mètres.

ARTILLERIE.

Le front d'une batterie composée de six bouches à feu (et de six caissons en deuxième ligne) est de 108 mètres; sa profondeur est de 72 mètres dans l'ordre en avant en bataille, et de 54 mètres dans l'ordre en avant en batterie.

Lorsque deux batteries sont réunies, l'intervalle qui les sépare est de 18 mètres.

Dans les grands parcs d'artillerie, l'intervalle qui sépare les timons de plusieurs voitures placées sur le même rang est de $3^m,25$; il est de 4,60 dans les petits parcs pour la facilité des ouvriers qui travaillent aux réparations. La distance entre les essieux des roues de devant ou de derrière pour deux rangs de voitures est de 14 mètres; elle est de 32 mètres pour deux rangs de haquets.

Observation. Les terrains sur lesquels combattent les troupes, et surtout l'infanterie, présentant rarement une plaine unie, il arrive aussi rarement que les brigades, régimens et bataillons soient séparés dans l'ordre de bataille par des intervalles égaux à ceux que nous avons assignés. Ces intervalles sont ordinairement plus grands, parce que les positions ne sont pas attaquables sur tout leur front.

§. I X.

Des Tentes et Faisceaux d'Armes.

L'usage des tentes n'est pas très-ancien chez les modernes. A la fin du seizième siècle, dans les armées commandées par le prince d'Orange, à qui l'on doit les premiers perfectionnemens de l'art militaire actuel, les officiers seuls avaient des tentes. Les troupes campaient sous des baraques en paille, qu'elles construisaient à la hâte, et qui sont décrites sous le nom de *huttes* dans tous les anciens auteurs. La construction de ces baraques, lorsqu'on voulait la faire d'une manière solide, était l'ouvrage de deux jours au moins, lors même qu'on trouvait tous les matériaux sous la main.

Sous le règne de Louis XIV, vers 1679, on donna des tentes aux troupes. Ces tentes eurent, sur les baraques, le grand avantage de fournir plus promptement un abri aux troupes dans toutes les positions, et de rendre les accidens du feu plus rares et moins dangereux.

Au reste, ni les tentes ni les baraques en paille, ne sont des abris suffisans pendant la mauvaise saison; elles ne peuvent garantir du froid de l'hiver, et une pluie abondante ne tarde pas à les traverser. M. de Puysegur, qui s'était occupé de perfectionner le campement des troupes, désirait que l'on employât pour les tentes une toile huilée et imperméable; mais une toile de cette nature rendrait la tente trop pesante (1).

(1) L'emploi des nouvelles toiles imperméables rendrait le campement trop coûteux.

2

Malgré leurs défauts, les tentes seraient très-
utiles, si la manière de faire la guerre en per-
mettait l'emploi. On s'en est encore servi avec
succès à plusieurs époques des dernières guerres,
pour établir des camps sous les places fortes.

L'instruction ministérielle de l'an 12, la dernière qui ait paru sur le campement, fait mention de deux espèces de tentes; les unes, dites
de l'ancien modèle ou *canonnières ;* les autres,
dites du *nouveau modèle.* Il existe une troisième
espèce de tente que l'on nomme *marquise,* et
qui sert ordinairement pour les conseils et pour
le logement des officiers généraux.

Parmi les tentes de l'ancien modèle, on distingue celles d'infanterie et celles de cavalerie.

Le plan des premières est un rectangle terminé sur un des petits côtés par un cul-de-lampe.
L'entrée est sur le côté opposé. La largeur est
de 2^m,60. La longueur, en y comprenant la flèche
du cul-de-lampe, est de 3^m,35. La toile est jetée
sur une traverse que supportent deux bâtons
posés verticalement, et hauts de 2 mètres ; elle
est tendue par plusieurs piquets. Cette tente était
destinée à recevoir huit hommes d'infanterie;
elle ne sert plus dans les campemens qu'à abriter
les domestiques des officiers.

Les cavaliers ayant à mettre à couvert l'équi-
pement de leurs chevaux, la tente de cavalerie
était plus grande que celle d'infanterie, quoique

destinée à ne recevoir que le même nombre d'hommes.

La tente du nouveau modèle sert pour les deux armes; elle doit recevoir seize hommes d'infanterie ou huit de cavalerie. Seize hommes y seraient trop à l'étroit; mais trois ou quatre sont toujours absens pour le service.

Le plan de cette tente est un rectangle terminé par des culs-de-lampe sur les petits côtés. L'entrée est sur l'un quelconque des grands côtés. La largeur est de 3^m,90; la longueur totale est de 5^m,85; la flèche de chaque cul-de-lampe est de 1^m,30. La toile est jetée sur une traverse que soutient un seul bâton ou mât, posé verticalement au milieu de la tente; elle est tendue par 40 piquets enfoncés en terre.

Le mât est composé dans sa longueur de deux pièces égales, entées l'une sur l'autre à mi-bois, et que l'on peut désunir à volonté; sa hauteur est de 2^m,30. La partie où les deux pièces s'assemblent est entourée de tôle. Le mât porte deux petites pièces de bois ou arcs-boutans qui sont liés avec lui par un boulon de fer, autour duquel ils peuvent tourner pour se rabattre; ces deux petites pièces forment avec le mât un angle de 45 degrés, et entrent dans les mortaises qui sont ouvertes dans le dessous de la traverse.

La traverse, longue de 2 mètres, est d'une seule pièce. Dans le dessous de cette traverse, et au milieu une entaille sert à recevoir le mât. À droite et à gauche sont cloués deux petits tasseaux triangulaires qui concourent avec un morceau de tôle fixé sur les faces de la traverse à maintenir la tête du mât dans l'entaille (1).

La traverse et le mât ont 5 centimètres d'équarrissage, le mât n'est pas enfoncé en terre; l'égale tension de la tente suffit pour lui faire conserver la position verticale.

La toile est composée de deux pièces qui se recouvrent de 25 centimètres vers le milieu de la longueur de la tente, et permettent de faire l'entrée sur l'un ou l'autre côté. Les deux pièces dans la partie où elles se recouvrent sont unie , 1° sur le faîte au moyen d'une broche de fer (2) que l'on fixe dans un trou percé sur le dessus ou sur les côtés de la traverse, et qui passe par deux œillets pratiqués dans la toile (la partie de la toile qui recouvre la traverse est d'une toile plus forte que le reste, et s'appelle faîtière); 2° sur une longueur de 70 centimètres de chaque côté du faîte, au moyen de six anneaux ou boucles de corde qui tiennent à la toile de dessus, et que

_____

(1) Le mât et la traverse peuvent aussi être assemblés à tenon et mortaise.

(2) Quelquefois cette petite broche est implantée sur la tête du mât. Il y a encore sur les côtés de la traverse quatre trous, deux à 27 centimètres de chaque extrémité, et deux à 64 centimètres. *Voyez* le §. XVI.

l'on fait passer dans des boutonnières de la toile
de dessous en serrant la première boucle par la
deuxième, la deuxième par la troisième, etc.,
et enfin la dernière par un gros bouton qui main-
tient tout le système; 3º dans le reste de la partie
où a lieu le recouvrement, d'un côté les pièces
sont unies par des agrafes en fer, de l'autre elles
ne sont que superposées, et se nouent dans leur
partie inférieure seulement, lorsque l'on veut
fermer la tente.

A l'extrémité inférieure de la toile, on coud
sur tout le pourtour de la tente une petite bande
de 20 centimètres de largeur; on la nomme toile
de *pourriture,* parce qu'elle touche la terre, et
se trouve enterrée dans le remblai de la rigole
creusée autour de la tente.

Enfin la toile porte dans sa partie inférieure
40 anneaux ou boucles de corde dans lesquelles
passent les piquets qui servent à la tendre. La
largeur des anneaux est de 20 centimètres;
leur intervalle est de 50 centimètres. Les piquets
ont une longueur de 42 centimètres; leur tête
est crochue; on les enfonce en terre un peu
obliquement, au moyen de maillets qu'on dis-
tribue avec la tente.

Le prix d'une semblable tente est de 100 fr.
environ, savoir : 40 francs pour la monture et
les piquets, et 60 francs pour la toile, à raison
de 30 mètres carrés, au prix de 2 francs.

La tente complète pèse 3o kilogrammes (1), dont moitié pour le bois, et moitié pour la toile.

Le plan de la tente appelée marquise est le même que celui de la tente du nouveau modèle. Son faîte est soutenu à 4 mètres de hauteur. La partie supérieure, qui a la forme d'un toit, est recouverte d'une double toile, et est tendue à l'aide de cordes fixées au sol par des piquets. Les parties latérales sont à peu près verticales, et portent le nom de murailles; elles sont tendues par le même moyen que les toiles des tentes du nouveau modèle.

Le faisceau d'armes est un piquet autour duquel les armes forment un faisceau; il porte à la hauteur de $1^m,3o$, plusieurs traverses ou chevilles destinées à arrêter le bout du fusil.

Le manteau d'armes que l'on donne avec le faisceau est une espèce de tente dont la forme est celle d'un cône tronqué, et qui sert à garantir les armes de la pluie.

Suivant un historien, on tarda long-temps à adopter pour tous les corps de l'armée française une manière uniforme d'arranger les armes; l'usage général des faisceaux d'armes date du règne de Louis XIV. Ce prince ayant remarqué

---

(1) Les tentes étaient portées sur des chariots ou sur des chevaux de bât à ce destinés, et répartis dans les compagnies, à raison de 2 par compagnie de 6o hommes.

le bon effet que produisaient des faisceaux d'armes disposés sur une même ligne dans le camp d'un chef de bataillon, il les fit adopter par tous les régimens.

On pourrait substituer avec avantage aux faisceaux d'armes des chevalets disposés également en ligne droite.

Le chevalet est composé de deux mâts joints par deux traverses, élevées l'une de 2 mètres, l'autre de $1^m,30$. La première est assemblée aux mâts par deux mortaises. Deux chevilles de fer la retiennent.

On donne ordinairement un chevalet au détachement du camp qui porte le nom de piquet; on y joint aussi un manteau d'armes qui se jette sur la traverse supérieure, et s'étend sur le sol d'un mètre de chaque côté.

§. X.

Des Piquets et Cordeaux qui servent à tracer les camps.

L'ordonnance de 1776 fait mention de jalons ou piquets longs de 2 mètres, ferrés par un bout, et portant à l'autre une banderolle de la même couleur que le galon affecté à chaque régiment. Ces piquets connus sous le nom de *fanions* servent à prendre les alignemens du camp. Suivant l'Encyclopédie, le fanion, en outre, remplace le drapeau dans les exercices journa-

liers, et marque dans l'enceinte d'une ville le
lieu où la troupe doit se rassembler ; mais l'importance morale du fanion n'est point compa-
rable à celle du drapeau.

On emploie quatre cordeaux pour tracer le
camp, savoir : le cordeau de front, le cordeau de
profondeur, le cordeau de perpendiculaire, et
le cordeau métrique.

Le cordeau de front a une longueur égale au
front de bataille du bataillon ou escadron, intervalle compris. Il porte deux sortes de marques, les unes rouges pour indiquer les encoignures de chaque file de tentes, les autres rouges et noires pour déterminer les milieux des
culs-de-lampe. Des boucles ou nœuds adaptés
aux extrémités du cordeau de front, servent à
le fixer sur le terrain, et à marquer les encoignures des premières files de tentes des deux bataillons ou escadrons voisins.

La longueur du cordeau de profondeur est
égale à la profondeur du camp, comptée depuis le front de bandière jusqu'à l'alignement
des tentes du petit état-major ; les marques noires qui s'y trouvent indiquent la place des culs-
de-lampe ; les marques rouges et noires celle des
mâts. Le reste de la profondeur, en avant au-
delà du front de bandière, en arrière au-delà des
tentes du petit état-major, se mesure au pas.

Le cordeau de perpendiculaire est composé

de quatre cordes, dont trois forment un triangle équilatéral ou isocèle, et dont la quatrième divise la surface de ce triangle en deux triangles rectangles et égaux. L'hypothénuse de ces triangles a 5 mètres, la base 3 mètres, et la hauteur 4 mètres; quatre anneaux sont destinés à fixer le cordeau de perpendiculaire. On s'en sert pour mettre à angles droits le cordeau de front et le cordeau de profondeur.

Enfin le cordeau métrique est divisé de mètre en mètre par des marques noires, de 10 en 10 mètres par des marques rouges et noires en sautoir; et de 5o mètres en 5o mètres par deux marques rouges également en sautoir. Il sert au tracé du camp, lorsque dans le cours de la campagne la force du bataillon ayant changé, le cordeau de front ne peut être d'aucun usage. Il sert encore pour exercer ceux qui sont chargés de tracer le camp à mesurer des distances au pas.

La troupe se pourvoit sur les lieux des fiches ou piquets, qui sont nécessaires pour indiquer les places des mâts et culs-de-lampe et les alignemens des encoignures des tentes.

§. XI.

Fournitures à faire pour le campement des Troupes.

INFANTERIE.

Le règlement accorde à l'infanterie une tente

du nouveau modèle ou deux tentes de l'ancien modèle, à raison de 15 hommes, sous-officiers et tambours compris.

A chaque adjudant, une tente de l'ancien modèle.

Pour le tambour-major, le caporal-tambour, et les huit musiciens, une tente du nouveau modèle, ou deux de l'ancien.

A chaque blanchisseuse, une tente de l'ancien modèle.

Pour les hommes en punition et détenus à la garde du camp, une tente du nouveau modèle ou deux de l'ancien.

Pour le piquet, un chevalet avec son manteau d'armes.

Aux compagnies de 40 hommes et au-dessous, un faisceau d'armes.

Aux compagnies de 40 à 80 hommes, deux faisceaux.

Aux compagnies de 80 à 120 hommes, trois faisceaux.

A chaque bataillon un cordeau de front, un cordeau de profondeur, un cordeau de perpendiculaire et un cordeau métrique de la longueur de 100 mètres au moins pour les bataillons au-dessous de 800 hommes, et de 200 mètres pour ceux au-dessus.

Le règlement accorde en outre les effets de campement suivans; savoir :

Par tente du nouveau modèle ou deux tentes

de l'ancien, une marmite avec son couvercle et son sac ou étui garni de bretelles, deux gamelles, deux grands bidons, huit outils garnis de leurs étuis et courroies; savoir : deux pelles, deux pioches, deux haches et deux serpes ou deux petites haches à marteau; et de plus, dans l'arrière-saison, et en vertu d'un ordre particulier, quatre couvertures de laine.

Par compagnie, une marmite de remplacement et trois bidons qui sont portés, les jours de marche, par les sergens, et qui contiennent du vinaigre.

Les tentes destinées aux adjudans, musiciens, maîtres-ouvriers, vivandières et blanchisseuses, sont pourvues des mêmes effets, dans la proportion des personnes logées dans ces tentes. Cette disposition n'est pas applicable aux tentes des prisonniers.

Le règlement accorde aux officiers, tant pour leur personne que pour leurs domestiques :

Au colonel, une tente complète pour se loger, une tente de soldat à l'ancien modèle pour ses domestiques, et une marquise simple avec ses murailles pour tenir le conseil et recevoir les officiers.

Au major et à chaque chef de bataillon, une tente complète et une tente de soldat à l'ancien modèle.

A chaque capitaine, adjudant-major, chirurgien-major, une tente complète, et une tente de soldat à l'ancien modèle.

Au trésorier, une tente complète pour se loger, une tente de soldat au nouveau modèle pour son bureau, et une tente à l'ancien modèle pour ses domestiques.

Aux lieutenans et sous-lieutenans de chaque compagnie une tente complète pour deux, et une tente de soldat à l'ancien modèle pour leurs domestiques.

Par chaque tente destinée à loger les domestiques une pelle, une pioche, une hache et une serpe.

CAVALERIE.

Le règlement accorde à la cavalerie une tente du nouveau modèle, à raison de 8 hommes montés, brigadiers et trompettes compris, et à raison de 12 à 15 hommes pour les dragons à pied.

Pour les sous-officiers de chaque escadron, deux tentes.

Pour les adjudans sous-officiers, une tente.

Pour le brigadier-trompette et l'artiste vété- rinaire une tente.

Pour les chefs sellier et armurier, une *idem*.

Pour le chef tailleur, une *idem*.

Pour les chefs bottier et culottier, une *idem*.

Pour les blanchisseuses, une tente par esca- dron.

Pour la garde de police et des étendards, une tente.

Pour les prisonniers détenus à la garde du camp, une tente.

Pour le piquet, un chevalet avec son manteau d'armes.

Pour 40 hommes et au-dessus, armés de baïonnettes, un faisceau d'armes.

Pour 40 hommes jusqu'à 80, 2 faisceaux.

Pour 80 hommes et jusqu'à 120, 3 faisceaux.

A chaque régiment un cordeau de front, un cordeau de profondeur, un cordeau de perpendiculaire et un cordeau métrique d'une longueur déterminée par la force du régiment.

Et en outre à chaque escadron, un cordeau de front et un cordeau de profondeur.

Le règlement accorde les effets de campemens suivans :

Par tente, une marmite avec son couvercle et son sac, une gamelle, un petit baril garni de sa banderolle, quatre outils garnis de leur étui et propres à être adaptés à la selle; savoir : une pelle, une pioche, une hache et une serpe; et en outre, mais avec exception pour les tentes des dragons à pied, une faulx, sa pierre et son coffrin, un marteau et une petite enclume.

A chaque cavalier, deux cordes à fourrages.

Pour deux hommes à pied, et à chaque homme non monté du petit état-major, une couverture, laquelle ne peut être délivrée que dans l'arrière-saison, et en vertu d'un ordre particulier. Les manteaux des cavaliers montés doivent leur tenir lieu de couvertures.

Par escadron, 1° 6 bidons portés les jours de marche par les maréchaux-des-logis, et contenant du vinaigre; 2° un piquet ferré par cheval, tant pour ceux des escadrons que pour ceux du petit état-major, lesquels seront répartis dans les escadrons; 3° 4 cordes à piquets (1), de 2 centimètres de grosseur, et d'une longueur proportionnée au complet de guerre de chaque escadron, à raison de 5 mètres pour six chevaux. Les officiers doivent se pourvoir de piquets ferrés par les deux bouts et de cordes à piquets, à leurs frais; ils reçoivent seulement une corde à fourrages par tente.

Les tentes délivrées aux adjudans, aux hommes de l'état-major, aux blanchisseuses et vivandières sont pourvues des effets réglés ci-dessus pour les cavaliers, à l'exception des faulx et de leurs accessoires. Cette disposition n'est pas applicable aux tentes des prisonniers.

Les officiers de cavalerie reçoivent, suivant leur grade, le même nombre de tentes, au nou-

(1) Les piquets ont environ 1 mètre hors de terre. La corde à piquets unit tous les piquets en faisant un tour dans leur partie supérieure. Elle doit être bien tendue; elle empêche les chevaux de dépasser les piquets auxquels ils sont attachés.

veau et à l'ancien modèle, que les officiers d'infanterie de même grade.

Observation. La paille de couchage si nécessaire au soldat, sous la tente comme dans les
baraques, est l'objet d'une distribution particu-
lière dans les camps de séjour.

§. XII.

Campement de l'Infanterie.

Le front du camp d'un bataillon a comme son
front de bataille une longueur de 100,5. L'intervalle qui sépare un bataillon du bataillon suivant
est compris dans cette longueur, parce qu'il y a
toujours des hommes absens, dont le nombre
diminue l'étendue du front.

Chaque compagnie occupe une certaine étendue sur le front de bandière. On dit que le campement se fait par compagnie, par demi-compagnie, par quart de compagnie, suivant que
les tentes de chaque compagnie sont disposées
sur une, deux ou quatre files.

Chaque tente est établie de manière que sa
plus grande dimension soit perpendiculaire au
front de bandière, et que l'entrée se trouve du
côté des intervalles qui séparent les files. Ces
intervalles se nomment *rues.*

Les files sont simples aux deux extrémités du
camp, elles sont doubles dans la partie inter-
médiaire. Les tentes qui forment les files doubles

sont séparées par un intervalle de 2 mètres.

Les intervalles plus considérables qui se trouvent entre les files simples et doubles, sont les
grandes rues du camp. On a l'attention, autant
qu'il est possible, de régler ces intervalles à une
quantité de mètres fixe, sans fractions, et de
rejeter les fractions dans l'intervalle du camp
d'un bataillon à l'autre.

Une compagnie étant supposée de 80 hommes,
cinq tentes lui seront affectées.

Si le campement a lieu par compagnie, le
camp du bataillon comprendra deux files simples, trois files doubles, quatre grandes rues,
enfin l'intervalle de 16 mètres qui sépare le bataillon du bataillon suivant.

La largeur d'une file simple est de $3^m,90$ cent.,
celle d'une file double de $9^m,80$.

Soit R la largeur d'une grande rue. Le front
du camp étant de $100^m,50$, on aura :

$$4R = 100,5 - 16 - (3,90) \times 2 - 3 \times (9,80.)$$

d'où l'on tire $R = \dfrac{100,5 - 16 - 7,80 - 29,40}{4} = 11,82\frac{1}{2}.$

Si l'on veut exprimer cette largeur par un
nombre rond, par 12 mètres, par exemple, il
faudra réduire à 15,50 l'intervalle du bataillon.

La largeur des grandes rues ne doit pas être
moindre de 3 mètres.

Cette condition ne peut pas être remplie dans
le campement par demi-compagnie, en conservant au front l'étendue de $100^m,50$ intervalle
compris. C'est pourquoi on fait toujours camper

par compagnie les bataillons au-dessous de 800 hommes, à moins qu'on ne veuille augmenter l'étendue du front du camp. Ce cas se présente fréquemment, parce que les positions se prennent sur des terrains accidentés où les bataillons ne peuvent pas garder les intervalles qui ont été prescrits.

La profondeur du camp se compose d'une partie qui varie en raison de la force de la compagnie, et d'une autre partie fixe, mais que l'on peut au besoin réduire de $\frac{1}{5}$ environ.

La partie variable est la profondeur des files de tentes affectées aux soldats. Dans cet exemple, les tentes sont au nombre de 5, la profondeur sera égale à 5 longueurs de tentes, plus quatre intervalles de 2 mètres, c'est-à-dire à $(5,85) \times 5 + 4 \times 2 =$ 37,25

La partie fixe se compose des distances suivantes :

1° Du dernier rang des tentes à la ligne des cuisines, environ 11,75

2° Des cuisines au front des tentes du petit état-major 15,

3° Du front des tentes du petit état-major à celui des tentes des lieutenans et sous-lieutenans. 15,

4° Du front des tentes des lieutenans et sous-lieutenans à celui des tentes des capitaines. 15,

5. Du front des tentes des capitaines à celui des tentes du colonel et de l'état-major . . 20,

} 76,75

TOTAL. 114,00

3

Chaque compagnie a cinq marmites, et par conséquent cinq cuisines : ces cuisines s'établissent sur une circonférence dont le diamètre est de 2^m,3o. Si le terrain est bon on creuse une tranchée circulaire large d'un mètre, profonde de o^m,5. Les foyers sont établis dans cette tranchée à 1^m,3o les uns des autres. Les terres du déblai sont relevées vers le milieu de la partie circulaire.

Le petit état-major se compose des adjudans, du tambour-major, du caporal-tambour et des musiciens. Les blanchisseuses et les vivandiers campent sur la même ligne que le petit état-major.

Les tentes des lieutenans et des sous-lieutenans, des capitaines, des chefs de bataillon et du colonel, sont établies de manière que leur grand côté soit parallèle au front de bandière, et que leur entrée soit tournée vers le même front. Les tentes des lieutenans et sous-lieutenans et celles des capitaines doivent correspondre aux files des tentes de leurs compagnies respectives, si on campe par compagnie, et aux intervalles de ces mêmes files, si le campement se fait par demi-compagnie. Chaque chef de bataillon doit camper vis-à-vis le centre de son bataillon. L'adjudant-major s'établit à sa droite. Le colonel campe vis-à-vis le centre de son régiment, ayant à sa droite le major et le trésorier,

et à sa gauche la tente du conseil et le chirurgien-major.

A 30 mètres en arrière de l'état-major, vis-à-
vis le centre de chaque bataillon on fait des
latrines pour les officiers. Le règlement prescrit
d'entourer toutes les latrines d'une feuillée.

La profondeur du camp étant de 144 mètres,
l'intervalle entre le front de bandière et la ligne
des faisceaux, de 9 mètres, la distance de la ligne
des faisceaux à la garde du camp, de 140 mètres;
l'étendue totale nécessaire en profondeur est de
293 mètres.

Les faisceaux d'armes sont placés devant les
files de tentes des compagnies auxquelles ils ap-
partiennent, à 2 mètres de distance au moins les
uns des autres.

On place le chevalet du piquet sur l'alignement des faisceaux des compagnies, à gauche
du bataillon, s'il n'y a qu'un bataillon; à gauche
du deuxième bataillon, s'il y en a trois de réunis,
et vis-à-vis le centre du régiment, si ce régiment
est composé de deux ou de quatre bataillons.

Le drapeau du régiment doit se trouver vis-
à-vis le centre du camp, à mi-distance du front
de bandière aux faisceaux d'armes. Auprès du
drapeau sont deux petits chevalets sur lesquels
on le pose après la retraite battue.

Les latrines pour les sous-officiers et soldats
sont placées vis-à-vis le centre de chaque ba-

3*

taillon à 110 mètres en avant des faisceaux. On
en fait de nouvelles tous les huit jours.

§. XIII.

Garde et Piquet du Camp.

On commande dans le camp de chaque régiment, indépendamment des détachemens, deux
services, la garde et le piquet.

La garde se partage en garde du camp et garde
de police. La première bivouaque à 140 mètres
en avant des faisceaux, vis-à-vis le centre du
régiment auquel elle appartient. Elle est chargée
de l'incarcération et de la surveillance des hommes qui ont encouru des punitions.

La garde du camp est dans l'usage de couvrir
l'emplacement qu'elle occupe par un redan de
6 mètres de face, 3 mètres de flanc, et fermé à
sa gorge par un fossé sans parapet.

La tente de discipline est établie à 2 mètres en
arrière de cette gorge.

La garde de police bivouaque sur l'alignement
des cuisines au centre du régiment. Elle fournit
des sentinelles aux faisceaux et sur les derrières
du camp.

Les gardes ne reçoivent pas de faisceaux d'armes. Leurs fusils sont appuyés contre une traverse, soutenue par deux fourches.

Les hommes du piquet restent sous la tente prêts à marcher pour les gardes ou les détachemens. Un chevalet ou faisceau particulier reçoit leurs armes et se nomme chevalet ou faisceau du piquet.

Lorsqu'une compagnie est détachée momentanément, on lui réserve l'emplacement qu'elle doit occuper. Si l'on campe par demi-compagnie, et que la compagnie de grenadiers, par exemple, soit moins forte que les autres, et n'exige que six tentes : celles-ci en ayant huit, au lieu de former deux files de trois tentes, on fait la première file de quatre tentes, la seconde de deux. L'une de ces dernières est placée sur le front de bandière, l'autre à la hauteur du dernier rang.

Le nombre des tentes sur les files des extrémités doit toujours être complet.

§. XIV.

Campement de la Cavalerie.

La cavalerie campe rarement, cependant l'instruction de l'an XII prescrit des dispositions pour le campement de cette arme.

Un escadron campe par demi-escadron lorsqu'il n'est que de 40 files et au-dessous, par quart d'escadron lorsque le nombre de files est égal ou supérieur à 48. Il y a dans le premier cas deux files de tentes par escadron ; dans le second cas les files de tentes par escadron sont au nombre de quatre.

Le campement par quart d'escadron est le plus ordinaire, l'escadron en campagne étant presque toujours de 56 à 64 files.

La dernière file des tentes de l'escadron et la première file de l'escadron suivant ne sont séparées que par un intervalle large de 2 mètres. Pour augmenter la largeur des grandes rues on s'est écarté du principe qui établit que cet intervalle sera égal à celui des escadrons en bataille.

Considérons deux files de tentes ; les tentes sont placées sur chaque file de manière que leur plus grande dimension soit perpendiculaire au front de bandière. L'intervalle de $5^m,15$ qui les sépare est destiné à recevoir les fourrages. Cet intervalle est double entre la dernière et l'avant-dernière tente. On évite ainsi de placer du fourrage entre les tentes et les cuisines. Il résulte de ce qui vient d'être dit que chaque tente exige dans le sens de la profondeur une longueur de 11 mètres.

Les piquets des chevaux sont établis sur des lignes parallèles aux files des tentes, et vis-à-vis les intervalles qu'occupent les fourrages. On place le premier piquet à 4 mètres en arrière du front de bandière, et le dernier à la même distance de l'alignement des dernières tentes. La ligne des piquets est interrompue vis-à-vis l'entrée des tentes qui ne se trouvent point aux extrémités des files. Une tente étant affectée à huit cavaliers, la longueur de 11 mètres qu'on lui assigne suffit précisément pour les piquets, déduction faite des passages.

Les rues qui séparent deux files de tentes doivent avoir une largeur de 14 mètres au moins; savoir : 4 mètres pour le double intervalle entre les tentes et les piquets, 6 mètres pour les deux files de piquets, 4 mètres pour l'intervalle qui les sépare.

Si on peut donner à la grande rue une largeur de plus de 14 mètres, on augmentera l'intervalle entre les tentes et les piquets.

L'escadron d'après l'organisation actuelle est de 140 hommes; savoir : 8 officiers, 10 sous-officiers, 110 cavaliers, brigadiers et trompettes, et 12 cavaliers non montés. Cet escadron a 56 files, son front de bandière est de 56 mètres, celui du régiment a une longueur de 224 mètres, les intervalles compris.

Le campement doit se faire par quart d'escadron, c'est-à-dire sur quatre files.

Le camp d'un régiment de quatre escadrons présentera donc deux files extrêmes simples, sept files doubles et huit grandes rues. On aura donc en désignant par R la largeur d'une grande rue : $224 = 2 \times (3,90) + 7 \times (9,80) + 8 R$, d'où l'on tire : $R = \dfrac{224 - 7,80 - 60,60}{8} = \dfrac{148}{8} = 18,^{\text{mèt.}} 50^{\text{cent.}}$

La profondeur du camp en arrière du front de bandière est déterminée par le calcul suivant :

Il faut 14 tentes pour 110 cavaliers de l'escadron ; ces tentes devant être réparties sur quatre files, on fera les files extrêmes de quatre tentes et celles du milieu de trois seulement.

On pourra joindre à l'une de celles-ci la tente des cavaliers non montés.

L'espace dans le sens de la profondeur comprendra :

1° Pour chaque file de tentes.		44
2° Pour l'intervalle qui sépare les files des tentes des sous-officiers	6 mètres.	
3° Depuis les tentes des sous-officiers jusqu'aux cuisines.	14 *id.*	
4° Depuis les cuisines jusqu'aux tentes du petit état-major.	16 *id.*	88
5° Depuis les tentes du petit état-major jusqu'à celles des lieutenans et sous-lieutenans . . . . . . :	16 *id.*	
6° Depuis les tentes des lieutenans et sous-lieutenans jusqu'à celles des capitaines.	16 *id.*	
7° Depuis les tentes des capitaines jusqu'à celles de l'état-major du régiment. . .	20 *id.*	

TOTAL. 132

La profondeur du camp de l'escadron excède donc le double de son front de bandière.

Les forges destinées au ferrage des chevaux sont placées sur la ligne des cuisines.

La ligne des faisceaux est à 9 mètres du front de bandière. Le chevalet du piquet est établi sur cette ligne, à gauche des étendards.

On place ceux-ci au centre du régiment sur la droite de la tente affectée à la garde de police, entre cette tente et les faisceaux d'armes.

La tente de la garde de police et celle de discipline sont établies vis-à-vis le centre du régiment, à égale distance de la ligne des faisceaux et du front de bandière. La première occupe la droite.

Les latrines des officiers sont placées à 36 mètres en arrière de l'alignement des tentes de l'état-major; celles des sous-officiers et soldats à 66 mètres en avant du front de bandière.

§. XV.

Campement de l'Artillerie et établissement des Parcs.

L'instruction de l'an XII ne fait aucune mention du campement de l'artillerie. Il paraît en effet difficile de fixer le campement de cette arme, ou, pour parler d'une manière plus générale, son établissement dans les positions militaires. Les règlemens existans ne concernent que les pièces de 4 attachées aux bataillons. Celui du 5 avril 1792 porte que les caissons de 4 seront placés sur un seul rang immédiatement derrière leurs pièces respectives, et à 6 mètres en avant des faisceaux.

Le règlement du 11 octobre 1809, rédigé spécialement pour le camp de Spitz, établit au titre V :

« Que les pièces d'artillerie attachées aux régimens seront placées en batterie à côté l'une de l'autre, et dans les intervalles des bataillons, à 2 mètres en avant de la ligne des chevalets ou faisceaux d'armes; que les caissons, leurs chevaux et ceux des pièces seront placés derrière le centre du régiment à une distance de 100 mètres en arrière de la baraque du colonel; et que les canonniers et soldats du train y établiront leurs baraques sur un rang.

Le même règlement (1) au titre XXXIX porte que les avant-trains et caissons seront placés à 20 mètres en arrière de la ligne des baraques des officiers supérieurs, vis-à-vis l'intervalle qui se trouve entre les deux bataillons où les canons sont placés; que les canonniers, soldats du train,

---

(1) Ce règlement a été réimprimé en 1823 par ordre du ministre de la guerre. On y a fait plusieurs changemens importans, nécessités par les lois et les ordonnances postérieures. On a fait disparaître la contradiction que présentait les titres V et XXXIX, en ne conservant que la rédaction du dernier. On n'a pas touché aux détails du campement; en sorte qu'on pourrait croire en le lisant, si l'on ne connaissait pas l'organisation actuelle de l'armée, que les bataillons sont encore de six compagnies, etc.

ouvriers, etc., seront campés sur la même ligne des avant-trains et caissons. »

On a vu précédemment que l'artillerie, comme arme combattante, était divisée en compagnies, et que ces compagnies servaient des batteries de pièces de 8, de 12, et d'obusiers.

L'artillerie en outre comme chargée du matériel nécessaire en campagne pour le passage des rivières, pour les siéges et pour la fourniture des munitions de toutes les armes, doit avoir un état-major, des compagnies d'ouvriers, des compagnies de pontonniers et des compagnies du train.

Le matériel d'artillerie qui suit les armées modernes est très-considérable. On donne le nom de parcs aux terrains qu'il occupe. On trouve l'origine de cette dénomination dans l'usage que l'on avait autrefois d'entourer d'obstacles une réunion quelconque de voitures.

On désigne aussi par le mot parc, le matériel même qui y est établi. Ce matériel se divise en deux parties : l'une se nomme *grand parc*, l'autre *petit parc*. Suivant Gassendi, le grand parc est le magasin de l'armée, le petit parc en est l'arsenal.

Parquer signifie disposer les pièces, les caissons, les voitures, etc., dans le terrain qui leur est assigné.

Nous considérerons d'abord les batteries d'ar-

tillerie attachées aux divisions d'infanterie iso-
lées. Nous nous occuperons ensuite des batteries
et parcs d'un corps d'armée.

Batteries des divisions.

La batterie complète consiste dans une compagnie d'artillerie de 100 hommes, 6 bouches à
feu, 27 voitures et une compagnie du train, forte
de 100 hommes et de 168 chevaux. L'étendue
de son front de bataille est de 108 mètres. Voici
le campement adopté à l'école de Metz.

Le campement de la compagnie d'artillerie à
pied ou à cheval est semblable à celui de l'infanterie ou de la cavalerie. Les pièces, les caissons et les voitures sont parqués sur cinq à six
rangs, chacun de six files, derrière la compagnie d'artillerie. La compagnie du train campe
comme la cavalerie par demi-compagnie à droite
et à gauche du parc.

La compagnie d'artillerie a besoin de sept
tentes pour les sous-officiers et soldats, et de
deux tentes pour les officiers. Les sept tentes,
affectées aux sous-officiers et soldats, peuvent
être placées sur le front de bandière de l'infanterie ou sur tout autre front de bandière qui
aura été déterminé spécialement, et dont l'étendue doit être de 108 mètres. Les cuisines seront
établies à 15 mètres en arrière. On dresse les

tentes des officiers à 15 mètres des cuisines. Le front de bandière du parc ou la ligne qui contient les extrémités des timons des avant-trains, se trouve à 24 mètres du front des tentes des officiers.

D'après l'espace que les voitures exigent dans les parcs, dans le sens des files et des rangs, (*Voyez le* §. 8) les six files de voitures du parc de la batterie occuperont sur le front de bandière un espace de 24 mètres au plus, et dans le sens de la profondeur un espace de 70 à 84 mètres. Il restera donc 42 mètres de chaque côté sur le front de bandière pour les deux demi-compagnies du train. Deux files de tentes seront affectées à chacune de ces demi-compagnies. La première file de chaque côté est à 10 mètres du parc. L'intervalle qui sépare cette file de la deuxième est de 15 mètres; on le nomme grande-rue. On compte quatre tentes dans chaque file. L'intervalle de la première et de la deuxième tente, celui de la troisième et de la quatrième sont de 6 mètres. Un intervalle double sépare la deuxième de la troisième. Ces intervalles sont destinés à recevoir le fourrage. Les cuisines sont établies à 10 mètres des deuxièmes files et sur des lignes qui leur sont parallèles. On place les chevaux dans les grandes rues. Les officiers sont établis vers le milieu de ces rues à 10 mètres des dernières tentes des soldats.

On s'est astreint dans ce campement à ne pas
excéder pour le front une étendue de 108 mètres, et à rapprocher autant que possible la profondeur du camp de celle qui a été adoptée pour
l'infanterie et la cavalerie.

Supposons un corps d'armée de quatre divisions, ayant chacune une batterie de six pièces.
Supposons en outre que ce corps a une batterie
de réserve de pièces de 12. En campagne, chacune des batteries de division suit les mouvemens de sa division avec un caisson seulement
par pièce, les autres caissons, chariots, etc.,
forment, avec la batterie de réserve, le parc du
corps d'armée.

Dans un terrain non accidenté, la batterie
avec un caisson par pièce, prend position en
arrière de la division à laquelle elle est attachée
vis-à-vis l'intervalle des deux brigades.

La compagnie d'artillerie campe en avant de
la batterie, celle du train s'établit par demi-
compagnie à droite et à gauche de la batterie,
ou tout entière d'un seul côté, de manière que
la batterie ne soit pas sous le vent des feux du
camp. Cette précaution est extrêmement importante.

Les dispositions doivent être telles que les pièces et les caissons soient attelés dans le moins
de temps possible. Si l'on ne doit passer qu'une
ou deux nuits dans la position et toujours sur le

qui-vive, les chevaux restent au piquet de chaque côté des timons, prêts à être attelés à tout
instant. Les canonniers de même que les soldats
du train ne doivent jamais quitter leurs pièces.
Ils bivouaquent sur le même terrain.

Si l'on doit rester plus de temps dans la position, les pièces et les caissons conservent toujours le même ordre. On établit les chevaux sur
deux lignes au moyen des prolonges que l'on
tend. Une de ces lignes se trouve derrière les
pièces, et une autre derrière les caissons. Quelquefois elles sont toutes deux derrières les caissons ou en avant des pièces; mais cette dernière
disposition a l'inconvénient de salir le front
du camp, et de rendre inégal le terrain sur lequel les pièces doivent passer.

Des Parcs.

Le parc du corps d'armée a un personnel et
un matériel. Le personnel se compose d'un état-
major, de la compagnie de la batterie de 12,
des ouvriers et des détachemens des compagnies d'artillerie et du train attachées aux divisions.

Le matériel consiste dans l'excédant des caissons des autres batteries, les affûts de rechange
à raison de deux par batterie; les caissons de
munitions à raison d'un caisson par 1000 hommes; les chariots des effets de rechange, les

forges et les caissons d'outils pour les ouvriers du parc. Le·nombre des voitures est de 120, le nombre des chevaux de 5 à 600.

Les parcs en général sont établis à 200 mètres de la queue du camp. L'emplacement qu'on choisit doit être à portée des chemins, et surtout à portée de l'eau nécessaire pour les chevaux.

La manière de disposer les voitures dépend de l'étendue du terrain, en longueur et largeur. Par exemple, on pourrait parquer les 120 voitures sur 13 rangs. Au 1er rang se trouveraient les six pièces de la réserve, au 2e rang les six caissons qui doivent marcher avec les pièces, au 3e rang les dix affûts de rechange, les 4e, 5e, 6e, 7e, 8e, 9e rangs seraient formés des 60 caissons à cartouches, les 10e et 11e des caissons de munitions d'infanterie, le 12e des chariots des effets de rechange, enfin le 13e des forges et des caissons d'outils.

La compagnie d'artillerie camperait à 50 mètres en avant du parc, le train se trouverait sur les côtés, les ouvriers, ainsi que l'état-major, s'établiraient derrière le parc.

Néanmoins l'usage est de laisser le devant du parc extrêmement libre, et de camper l'artillerie sur l'alignement de la première ligne des pièces à droite ou à gauche en laissant un intervalle de 50 mètres.

Une grande armée et une armée de siége ont,

chacune, un grand et un petit parc; la composi-
tion de ces parcs est indiquée dans l'*Aide-Mé-
moire d'Artillerie*. On se borne à extraire de cet
ouvrage les règles suivantes relatives au campement:

Dans les siéges, la distance du grand au petit
parc est de 80 mètres; elle est de 40 mètres dans
les camps ordinaires.

Un intervalle de 100 à 200 mètres sépare le
camp de l'artillerie de l'un des côtés du parc. La
distance du parc des chevaux à l'autre côté est
de 80 mètres; les chevaux doivent être peu éloi-
gnés des parcs.

Dans le petit parc, on met les forges en première ligne, et les compagnies d'ouvriers à 40
mètres en arrière; le premier rang des voitures
du parc à 40 mètres des compagnies d'ouvriers;
les ateliers d'ouvriers à 40 mètres du dernier
rang des voitures, ou sur l'alignement des forges
à droite ou à gauche.

Le directeur et le sous-directeur campent à
40 mètres des ateliers.

§. XVI.

Extrait des instructions de l'an XII.

Manière de tracer le Camp.

Le cordeau de front de chaque bataillon de 668 hommes,
aura 100^m,50, et le cordeau de profondeur 64 mètres.

4

A mesure que le terrain destiné pour le camp sera distribué aux différens régimens, l'officier chargé de tracer le camp de chacun, fera placer un fanion à la droite et un autre à la gauche dudit terrain, en observant de les aligner correctement sur ceux des bataillons ou escadrons placés à sa droite ou à sa gauche ; et, à leur défaut, sur les points de direction du front de bandière qui lui seront indiqués.

Le point de droite et de gauche de chaque régiment étant ainsi déterminé, un sous-officier de la compagnie de droite du premier bataillon du régiment, passera le bout de son fanion dans la boucle ou nœud placé à l'extrémité du cordeau de front, et le tiendra fixe à ce point.

Un second sous-officier partant de ce point et se dirigeant sur le fanion planté à la gauche du terrain du régiment, prolongera le cordeau dans toute sa longueur, et s'arrêtant alors, fera face à droite, d'où l'officier chargé du campement l'alignera correctement sur le fanion de gauche ; un autre sous-officier plantera aussitôt un second fanion au centre, et un troisième à la dernière marque placée sur le cordeau à la gauche du bataillon.

Un sous-officier de la compagnie de droite du second bataillon, plantera tout de suite un fanion à la place où se termine le cordeau du premier bataillon, après en avoir passé le bout dans la boucle ou nœud qui forme l'extrémité du cordeau de front de son bataillon, et un second sous-officier partira tout de suite de ce point, en se dirigeant vers le fanion planté à la gauche du régiment. Après avoir bien tendu son cordeau dans toute sa longueur, il s'arrêtera, fera face à droite, et s'alignera correctement sur les fanions déjà plantés. Un troisième sous-officier plantera aussitôt un fanion au centre, et un autre à la gauche du bataillon.

Les troisième et quatrième bataillons de chaque régiment exécuteront successivement la même opération.

Le sous-officier placé à la droite de chaque bataillon,

aura soin de bien arrêter son fanion, et de le tenir bien ver-
tical; et l'autre sous-officier tendra fortement le cordeau
dans toute sa longueur.

Les fanions des quatre bataillons étant placés ainsi qu'il
vient d'être prescrit, l'officier chargé de tracer le camp du
régiment, s'assurera s'ils sont exactement alignés sur ceux
de l'aile de cavalerie, ou bien sur les points de direction qui
lui auront été indiqués.

Lorsque l'on marquera le camp par la gauche de la ligne,
l'opération qui vient d'être indiquée ci-dessus, aura lieu de
la même manière, en commençant par la gauche du dernier
bataillon de chaque régiment.

Dès que les trois fanions seront plantés sur le front de chaque bataillon, et le cordeau bien tendu, les caporaux de
campement planteront des fiches ou baguettes à toutes les
places indistinctement désignées sur le cordeau par les marques rouges, et rouges et noires; l'excédant du cordeau de
front de chaque bataillon, marquera l'intervalle d'un bataillon à l'autre.

Cette opération commencera par la droite ou par la gauche
de chaque bataillon.

Aussitôt que le front de bandière de chaque bataillon aura
été ainsi marqué, on tracera la profondeur du camp.

On fera attention de placer le cordeau de profondeur
bien perpendiculairement sur le cordeau de front : pour cela
on se servira du *cordeau de perpendiculaire*. Après qu'on
aura fixé les quatre anneaux par de petits piquets, on
prolongera la perpendiculaire tant qu'on voudra, et avec
autant d'exactitude que de facilité.

Lorsqu'on aura la perpendiculaire bien exacte, on placera
le cordeau de profondeur.

Pour les tentes du nouveau modèle, on portera d'abord le
cordeau de profondeur sur la première marque rouge et
noire, placée à 1 mètre 95 centimètres (1 toise) de la droite

4*

du cordeau de front, et on plantera des fiches indistinctement aux différens endroits désignés sur le cordeau de profondeur, par les marques noires, et rouges et'noires ; ces
fiches indiqueront la place du milieu des deux culs-de-lampe,
et celle du mât de chaque tente de la première demi-compagnie de grenadiers.

On répétera la même opération jusqu'à la gauche du bataillon.

Pour les tentes de l'ancien modèle, on portera d'abord
l'extrémité de ce cordeau sur la première marque rouge à
3 mètres 35 centimètres de l'extrémité de la droite du cordeau de front : on le tendra fortement, en observant qu'il
soit bien perpendiculaire à l'autre cordeau, et on plantera
des fiches indistinctement aux différens endroits du cordeau
de profondeur, désignés par les marques noires, et rouges et
noires; ces fiches indiqueront la place des deux encoignures
et de la fourche de chaque tente de la première demi-compagnie de grenadiers.

On répétera la même opération pour chaque demi-compagnie, jusqu'à la gauche de chaque bataillon, en portant
successivement le cordeau de profondeur sur les différentes
marques du cordeau de front.

Le camp des compagnies étant ainsi tracé, ainsi que l'alignement des cuisines et celui des vivandiers et blanchisseuses, on tracera l'alignement des tentes des lieutenans et sous-
lieutenans.

Pour cet effet, deux sous-officiers se porteront l'un à la
droite et l'autre à la gauche de chaque bataillon ; ils se pla-
ceront vis-à-vis le terrain de la demi-compagnie extérieure
de chaque aile, sur l'alignement tracé pour les vivandiers;
feront face en arrière, marcheront chacun quinze pas métriques (le pas métrique sera expliqué ci-après), s'arrêteront et
planteront une fiche qui désignera l'alignement des tentes
des lieutenans et sous-lieutenans.

Ils répéteront la même opération pour tracer l'alignement des tentes des capitaines, et enfin celui des tentes pour les officiers supérieurs, en observant de prendre, pour ces derniers, vingt pas métriques d'intervalle de l'alignement des tentes des capitaines.

La même opération aura lieu en avant du front de bandière, pour marquer l'alignement des faisceaux d'armes, qui seront placés à 9 mètres en avant de la première tente, et vis-à-vis de leurs demi-compagnies respectives.

Les sous-officiers des compagnies planteront des fiches pour indiquer les emplacemens des faisceaux ainsi que ceux des tentes des officiers de leurs compagnies; ces dernières seront placées sur l'alignement de la première demi-compagnie de chacune.

L'officier de chaque régiment qui présidera à l'opération du campement, aura soin que l'alignement, tant des faisceaux d'armes que des tentes des officiers des différens grades, soit parallèle au front de bandière, et que les fiches ou baguettes plantées pour marquer ces différens emplacemens, soient bien alignées entre elles. Le cordeau de perpendiculaire pourra être employé utilement à tracer ces parallèles.

Observation générale.

On observera que la baguette qui indiquera la place de la fourche ou du mât de chaque tente des compagnies, désignée sur le cordeau par la marque rouge et noire, soit plus longue que celle destinée à marquer l'alignement des encoignures, afin que, dans aucun cas, on ne puisse confondre la place du mât et de la fourche, et celle des encoignures ou des culs-de-lampe de la tente.

Méthode pour tendre le camp.

Lorsque les bataillons ou régimens se seront mis en bataille à la tête du camp, un sous-officier par compagnie ira planter les deux faisceaux d'armes de chacune, à la place indiquée par les fiches.

Lorsque les tentes seront arrivées, on détachera deux ou trois hommes par chambrée pour les aller chercher, et les porter à la place que leur indiqueront les officiers de campement.

On déploiera promptement les tentes, et aussitôt deux soldats prendront chacun une fourche, et poseront la traverse dessus, si c'est une tente ancienne.

Si c'est une tente du nouveau modèle, lesdits soldats prendront les deux morceaux de bois qui doivent composer le mât, et ils les réuniront ensemble en les ajustant dans leurs entailles; après quoi on posera la traverse dessus ledit mât.

On passera ensuite la tente par-dessus la traverse, ayant attention que les encoignures de la faîtière soient bien montées, et pour les tentes nouvelles, on l'ajustera par le milieu dans l'entaille où il y a une broche au haut du mât, et on fera entrer en même temps les arcs-boutans dans les mortaises qui sont préparées dans le dessous de la traverse : ce qui formera une double potence pour mieux soutenir ladite traverse.

On aura soin aussi de faire entrer la petite broche de fer dans les œillets pratiqués au milieu de la faîtière, et de l'enfoncer dans les trous qui sont percés au milieu et sur le tranchant de la traverse; cette petite broche sert à fixer solidement la tente et la traverse, et à empêcher que la faîtière ne puisse pas se déranger, lorsqu'on tend la tente.

Cette opération finie, si c'est une tente ancienne, on placera la fourche du devant exactement à la place indiquée par la fiche, et l'on aura soin que l'autre fourche soit exactement sur la même direction ; de manière que les deux encoignures de devant se trouvent exactement sur l'alignement de la fourche de devant, et que les tentes soient aussi placées parallèlement l'une à l'autre dans toute leur longueur.

Si c'est une tente du nouveau modèle, on placera le pied du mât à la place indiquée par la grande fiche, et on restera dans cette position jusqu'au signal qui sera donné pour dresser les tentes toutes ensemble.

A la fin du signal, les hommes qui tiennent les fourches ou les mâts de chaque tente, les dresseront aussitôt verticalement, en observant que la traverse des tentes du nouveau modèle, soit bien horizontale, et que les deux extrémités de ladite traverse soient dirigées exactement sur l'alignement des fiches, vers la tête et la queue du camp.

Aussitôt deux soldats passeront des piquets dans les boucles de corde attachées aux encoignures des tentes, soit anciennes, soit nouvelles, et les enfonceront également; ils feront ensuite la même opération pour le milieu des culs-de-lampe.

On aura soin, pour les tentes du nouveau modèle, de passer les dernières boucles de corde qui sont attachées à la moitié de la tente de dessous, dans les boutonnières pratiquées à la sangle du bas de l'autre moitié de tente de dessus; ce qui sert à fermer les deux portes de la tente. Cette opération faite, on enfoncera les autres piquets à volonté.

Les officiers et sous-officiers de chaque compagnie veilleront à ce que l'on se conforme exactement à tout ce qui a été prescrit ci-dessus dans leurs compagnies respectives ; les officiers supérieurs, adjudans-majors et adjudans y veilleront également, chacun dans leur bataillon.

Pour que le camp soit bien dressé, si ce sont des tentes de l'ancien modèle, il faut que la première tente de chaque demi-compagnie se trouve placée dans toute sa longueur sur la ligne du front de bandière, et que toutes les autres soient parallèles à cette première dans toute leur longueur; il doit aussi se trouver un intervalle d'un mètre 30 centimètres (4 pieds) de l'une à l'autre, depuis la première jusqu'à la dernière tente de chaque demi-compagnie, et l'ouverture de toutes les tentes doit se trouver exactement sur le même alignement.

Si ce sont des tentes du nouveau modèle, il faut que l'extrémité du cul-de-lampe de la première tente de chaque demi-compagnie se trouve placée exactement sur la ligne du front de bandière; que le mât et l'extrémité de l'autre cul-de-lampe se trouvent placés bien perpendiculairement à ladite ligne du front de bandière; et qu'enfin l'extrémité des deux culs-de-lampe, ainsi que le mât de toutes les tentes suivantes de chaque demi-compagnie, se trouvent placés exactement sur le prolongement de ceux de la première tente. Il devra se trouver un intervalle d'un mètre 95 centimètres (6 pieds) d'une tente à l'autre.

Les tentes affectées aux prisonniers seront tendues par les soins du caporal de la garde du camp, qui sera chargé de les faire prendre à la compagnie dont ce sera le tour.

Le manteau d'armes du piquet sera tendu par les soins du plus ancien sous-officier dudit piquet.

Méthode pour décamper.

Lorsqu'on donnera le signal pour décamper, on arrachera les piquets avec le plus de célérité possible; un soldat se placera au mât des tentes du nouveau modèle, et aura soin de le diriger sur un autre soldat placé en dehors, qui le recevra, afin que les tentes tombent toutes ensemble, à la fin du signal.

On déboîtera ensuite la traverse du mât; on séparera celui-ci en deux, et on attachera le tout ensemble par le moyen des courroies qui s'y trouvent clouées à cet effet.

On prendra la précaution d'ôter la terre qui pourrait s'être attachée à la *toile à pourrir*, et l'on ploiera aussitôt la tente en faisant rentrer les deux culs-de-lampe en dedans jusqu'aux encoignures; on la ploiera ensuite par le milieu dans toute sa hauteur, et un soldat placé à chaque extrémité la roulera le plus serré possible en sens contraire, pour qu'elle ait la forme d'un manteau ployé.

Les couvertures, lorsqu'on en aura, seront ployées dans la tente, pour être préservées de l'humidité.

Le chef de chaque tente distribuera aux soldats les piquets, ainsi que les outils appartenant à la tente.

Les soldats attachés aux équipages de transport des tentes chargeront les tentes, les manteaux d'armes et les bois, de manière à ce que les tentes se trouvent au-dessus des bois, afin que ces bois et les ferrures n'endommagent pas la toile par leur pesanteur.

Lorsque l'on détendra des tentes à l'ancien modèle, on placera un soldat à chaque fourche; ces soldats auront attention de ne les abattre qu'à la fin du signal, ainsi qu'il a été dit ci-dessus.

Du pas métrique ou d'un mètre, et de la manière d'adapter tous les pas militaires à la mesure métrique.

Le mètre étant la base de toutes les mesures d'un camp, les officiers d'état-major et les sous-officiers des troupes chargés de marquer les camps, s'habitueront à faire le pas d'un mètre, qu'on appellera *pas métrique*. Ce pas n'a que onze lignes de plus que celui de trois pieds dont on s'est servi anciennement pour mesurer les distances militaires. Un homme d'une taille ordinaire peut faire aisément ce pas en pliant les genoux; et il contractera l'habitude de le faire exact en s'y exerçant très-peu de temps. L'habitude de faire ce pas exact, peut, dans beaucoup d'occasions, être très-utile, et abréger le temps qu'il faut pour tracer le camp.

On parviendra également, mais d'une manière moins rapide, au même résultat que par le pas métrique, en réglant son pas ordinaire aux deux tiers d'un mètre; ce qui fait deux pieds sept à huit lignes, c'est-à-dire, un demi-pouce à peu près de plus que le pas ordinaire auquel les troupes sont exercées.

D'après ce principe, on adaptera de la manière suivante tous les pas militaires à la mesure métrique.

Le petit pas d'un pied sera appelé pas d'un tiers de mètre; trois petits pas feront le mètre.

Le pas ordinaire de deux pieds sera appelé pas de deux tiers de mètre; trois pas ordinaires feront deux mètres.

Le pas allongé de deux pieds six pouces sera appelé pas de deux tiers et demi, ou cinq sixièmes de mètre; six pas allongés feront cinq mètres.

Et le grand pas de trois pieds sera appelé pas métrique ou d'un mètre; il y aura autant de grands pas que de mètres.

On voit que tous les pas en usage dans les troupes s'adapteront parfaitement au système métrique : la différence, même pour les plus grands pas, n'est pas d'un pouce.

Ceux qui seront exercés au pas métrique, s'en serviront; ceux qui n'y seront pas exercés, pourront se servir du pas de deux tiers de mètre ou des autres pas.

Les officiers de l'état-major de l'armée doivent également s'exercer à juger les distances d'une manière approximative, soit au coup-d'œil, soit au temps de galop de leurs chevaux, au moyen d'une montre à secondes.

Manière de tracer le camp avec le cordeau métrique.

1° On tendra ce cordeau sur la longueur du terrain que le camp doit occuper.

2° On fera ensuite sur la totalité des mètres du cordeau, la soustraction de la quantité de mètres que doivent occuper toutes les rangées simples et jumelles des tentes du bataillon, ou escadron, y compris les petites rues.

3° On déterminera la largeur des grandes rues, d'après la quantité de mètres restante sur le cordeau, après en avoir retranché celle nécessaire pour les tentes et les petites rues.

On aura l'attention d'éviter, autant qu'il sera possible, dans la largeur des grandes rues, les fractions au-dessous d'un demi-mètre : ces fractions, s'il s'en trouve de ce genre, pourront être négligées.

4° Lorsque ces opérations seront faites, la compagnie de droite ou celle de gauche commencera par prendre, sur le cordeau métrique, la distance de mètres nécessaire à la rangée simple de tentes, ainsi que la largeur qui aura été déterminée pour sa grande rue; la compagnie suivante prendra ensuite la distance qu'occupe une rangée jumelle, y compris la petite rue et la largeur d'une grande rue, quoique la rangée jumelle soit composée de tentes de deux différentes compagnies. On continuera de même jusqu'à la dernière rangée simple de tentes.

Ainsi, dans le petit cordeau de front ordinaire que chaque compagnie devra se procurer, on ne se servira que de la partie marquée pour une rangée simple de tentes à la première et dernière demi-compagnie; et de la partie marquée pour une rangée de tentes jumelles, y compris la petite rue, aux autres compagnies, parce que la grande rue se déterminera par la marque des mètres qui sont sur le cordeau de front du régiment.

Utilité du cordeau métrique.

Il est aisé de voir d'après tout ce qu'on vient de dire, que le cordeau de front d'un bataillon, ou d'un régiment de cavalerie, divisé exactement en mètres, et les cordeaux des compagnies suffiront pour tracer régulièrement le camp.

Ce cordeau sera employé très-utilement, lorsque le général jugera à propos d'étendre ou de resserrer le front du camp.

Enfin il sera facile à un bataillon ou régiment de cavalerie dont la force sera déterminée pour toute la campagne, de donner à son cordeau de front les dimensions relatives au terrain qu'il doit occuper en bataille, d'après les principes établis dans cette instruction.

Des camps avec des baraques.

On n'entrera ici dans aucun détail sur la forme des baraques ; elle dépend beaucoup des localités et des matériaux
que le pays peut fournir.

On se contentera de rappeler les principes généraux de ce
campement, c'est-à-dire que les baraques doivent être alignées ; que le front d'un camp avec des baraques doit être
couvert par la troupe en bataille, comme si le camp était
composé de tentes, et que dans le cas où les chevaux ne seraient pas baraqués, les grandes rues doivent être assez larges pour que les chevaux y soient convenablement, en observant qu'il y ait toujours au moins deux mètres de distance
des baraques aux piquets des chevaux.

Les instructions postérieures font mention de deux sortes
de baraques : les unes de 6 mètres de longueur sur 5 mètres
de largeur pour 16 hommes, et les autres de 4^m,50 de longueur sur 3 mètres de largeur pour 8 hommes. Les baraques
sont plus grandes que les tentes destinées au même nombre
d'hommes, parce que le baraquement est un établissement
stable où le soldat doit trouver plus de commodité que sous la
tente. C'est aussi pourquoi on fait presque toujours dans les
baraques un lit de camp plus ou moins élevé au-dessus du
sol.

§. XVII et dernier.

*Extrait de l'instruction provisoire pour le service
des Troupes en campagne, imprimée par ordre
du ministre de la guerre, en 1823.*

Dispositions générales.

Lorsque l'armée se composera de plusieurs corps d'armée,
ceux-ci recevront un numéro d'ordre de bataille. Il en sera

de même des divisions dans les corps d'armée et des brigades dans les divisions. Les régimens de même arme prendront dans les brigades l'ordre de leur numéro.

Les camps et cantonnemens à occuper seront toujours, autant qu'il sera possible, reconnus et marqués par les officiers d'état-major et aides-de-camp des corps d'armée, divisions ou brigades.

Aussitôt que le camp sera marqué, si la terre est couverte, les habitans du village voisin seront prévenus, afin qu'ils puissent la faire faucher immédiatement. Si cette opération n'est pas faite par les habitans, les officiers de campement feront faucher sur-le-champ, en commençant par le front de bandière tout le terrain du camp. L'officier général ou le commandant donnera ses ordres pour que le fourrage fauché soit entièrement ramassé, afin qu'il en soit disposé ainsi qu'il sera convenable; il en préviendra le sous-intendant militaire.

Lorsque la troupe sera campée ou baraquée les colonels iront reconnaître les communications nécessaires, à la gauche et à la droite du front du camp; ils les ordonneront aux officiers supérieurs, qui commanderont sur-le-champ des hommes en nombre suffisant, et y feront travailler aussitôt, sans égard au temps et à la fatigue. Ces communications seront faites le premier jour larges de 10 mètres, et seront portées à 60 mètres dans les camps où l'on séjournera.

Les officiers généraux établiront leur quartier-général de manière que les communications avec les troupes de leur commandement soient faciles et promptes. Le commandant du quartier-général sera chargé de tout le logement dans les lieux où le quartier-général (1) sera établi.

---

(1) Les troupes du génie doivent camper à portée du quartier-général. Dans un siége, les ingénieurs sont logés le plus près de la tranchée que faire se peut.

Des Cantonnemens.

Les dispositions que l'*instruction* prescrit pour les cantonnemens de la fin de la campagne, nous paraissant applicables aux cantonnemens momentanés que les armées nombreuses sont forcées de prendre fréquemment d'après la manière actuelle de faire la guerre, nous allons rapporter celles de ces dispositions qui sont relatives à notre sujet.

L'ordre de bataille des lignes et des divisions sera conservé, autant qu'il sera possible, dans les cantonnemens.

Il sera observé, dans les répartitions, de mettre toujours ensemble les bataillons d'un même régiment, et les compagnies d'un même bataillon. Les soldats des mêmes compagnies seront mis de même ensemble ou le plus près les uns des autres qu'il se pourra, dans des maisons ou granges qui seront marquées à cet effet.

Les officiers chargés du logement numéroteront toutes les maisons et granges, et marqueront sur celles destinées pour les soldats, le numéro de la compagnie et le nombre d'hommes qu'elles devront loger.

Les compagnies de grenadiers, et en leur absence, celles des voltigeurs seront toujours logées, par préférence, aux avenues des quartiers de leur bataillon.

Il sera marqué aux tambours des logemens au centre des quartiers, et le plus à portée qu'il sera possible du logement de l'officier qui y commandera.

Le commandant du quartier y aura le premier logement. Chaque commandant de brigade aura un logement de préférence dans le canton destiné à sa brigade. Les chefs de bataillon auront les logemens de préférence après le colonel.

Le quartier-maître ou l'officier payeur et les adjudans seront toujours logés à portée du commandant du régiment, ainsi que les tambours.

Si le quartier destiné à un bataillon ne se trouve pas assez grand pour le contenir, de manière qu'on soit obligé d'en détacher quelques compagnies, les adjudans et officiers de santé, les compagnies de grenadiers, de voltigeurs et la première compagnie resteront au quartier principal. L'état-major demeurera toujours dans le quartier où sera la première compagnie.

Observation.

Nous terminerons cette instruction par quelques mots sur les bivouacs. Le front de bandière dans les bivouacs comme dans les camps, doit toujours être égal au front de la troupe en bataille; il suffit que la profondeur soit égale à la moitié de celle des camps. Un bivouac consiste dans une ligne de faisceaux d'armes, une ligne de feux, deux ou trois rangs de baraques de soldats, si on a le temps et les moyens d'en faire, dans une ligne de feux et un rang de baraques pour les officiers. On place les gardes de police, les gardes et sentinelles du camp, comme à l'ordinaire.

Errata. Page 5, lig. 21, de ces *au lieu* des.

De l'Imprimerie de DEMONVILLE, rue Christine, n° 2.

111